AF602902

MÉMOIRE

SUR LE

BISTOURNAGE DES SOLIPÈDES.

RÉPONSE

AUX DEUX QUESTIONS MISES AUX CONCOURS

PAR LA

SOCIÉTÉ IMPÉRIALE ET CENTRALE DE MÉDECINE VÉTÉRINAIRE.

BIBLIOTHÈQUE IMPÉRIALE

Par M. REBOUL père,

Vétérinaire à Coursan (Aude), membre correspondant de la dite Société et de plusieurs autres Sociétés scientifiques des départements.

(1858.)

A Messieurs les membres de la Société centrale.

Messieurs,

En publiant aujourd'hui le petit travail que nous avons cru devoir soumettre à votre savante appréciation, nous n'avons fait que nous conformer aux désirs de M. Lamarche (1). Cet honorable praticien, ayant eu connaissance des deux questions qui font le sujet du concours offert aux vétérinaires, et persuadé que l'une d'elles — la seconde — ne pourrait être convenablement développée par aucun

---

(1) TURON SOUBERVIE aîné est le véritable nom de l'habile bistourneur dont nous avons déjà parlé dans le numéro de mars 1859 du *Journal des vétérinaires du Midi*, et si nous ne l'avons désigné dans le présent mémoire que sous le nom de *Lamarche*, c'est pour nous conformer aux habitudes adoptées par tous les propriétaires et éleveurs de nos contrées.

1861

Γ 22
9 57

d'eux, nous a vivement engagé à communiquer à nos confrères le résultat des observations qu'il nous a été permis de recueillir depuis longues années. Connaissant aujourd'hui le procédé de bistournage qu'il a si bien perfectionné, nous pouvions seul, d'ailleurs, d'après l'avis de cet habile opérateur, traiter avec connaissance de cause la partie qu'il regarde, avec raison, comme la plus importante du concours.

Nos relations avec M. Lamarche étant depuis longtemps aussi amicales que bien suivies, nous avons pu aisément reconnaître tout ce qu'il y a en lui de bon et de généreux. Il professe pour la classe des vétérinaires une estime et une affection que rien ne saurait altérer, et, persuadé que la vulgarisation de son procédé d'émasculation porterait un coup mortel à toute la cohorte des empiriques, il a cru, bien que peu encouragé jusqu'à ce jour par le gouvernement, devoir nous confier le soin de faire connaître aux vétérinaires la théorie de cette belle opération. Nous devons ajouter, en outre, que cet honorable praticien est bien convaincu, — et nous partageons entièrement sa manière de voir, — qu'en agissant de la sorte il rend à son pays et à notre art un service dont aucun esprit de bonne foi ne saurait méconnaître l'importance.

Nous sommes heureux de penser qu'un tel acte de désintéressement n'aura pas été accompli en vain, et qu'un pareil témoignage de bienveillance sera, sans aucun doute, très-favorablement accueilli par tous ceux de nos collègues qui tiennent à honneur de concourir aux progrès de la science. Qu'il nous soit aussi permis d'espérer que, mieux instruit et mieux renseigné, M. le Ministre de l'agriculture voudra enfin lui permettre de faire constater, dans nos Écoles ou dans tout autre lieu, la supériorité qu'il possède sur tous les autres bistourneurs de la France, et reconnaître cette même supériorité par un titre quelconque.

M. Lamarche n'étant pas riche, tant s'en faut, nous trouverions convenable et juste, en même temps, que le gouvernement récompensât sa générosité, en lui accordant une rémunération pécuniaire qui devrait être, ce nous semble, proportionnée à l'importance du service rendu.

Avant d'aller plus loin, nous croyons devoir faire observer encore à nos savants collègues que l'homme dont il s'agit nous paraît seul capable d'enseigner, en quatre ou cinq leçons au plus, une opération qu'il a pu rendre si simple et si facile, et qu'aucun des bistourneurs qu'on voudrait lui opposer n'a jamais su ni pu comprendre.

M. Lamarche ayant eu la bonté de nous initier à tous les détails de son *modus faciendi*, nous avons cru, cédant à un sentiment que tous nos confrères apprécieront convenablement, nous aimons à l'espérer, ne pas devoir profiter des quelques avantages qui nous étaient donnés. Tel est le principal motif pour lequel nous nous sommes placé en dehors des conditions ordinaires du concours. En acceptant, d'ailleurs, la difficile mission qui nous a été confiée, nous avons été mû par le désir de servir les intentions qui nous ont été manifestées, et aussi, pourquoi ne le dirions-nous pas ? par l'espoir d'être utile une fois de plus.

Ce mémoire répondra-t-il aux espérances des honorables vétérinaires qui ont cru devoir attirer sur le bistournage l'attention de tous nos confrères ? Nous l'ignorons et laisserons, par conséquent, à ceux qui seront appelés à le juger, le soin de donner à cette intéressante question la réponse qui leur aura paru méritée. En cette occasion, comme toujours, nous ne nous sommes inspiré que du seul intérêt de la science, et nous nous estimerons heureux et amplement dédommagé, si le fruit de nos peines et soins peut être accueilli avec faveur, et surtout s'il a eu le mérite de jeter quelque jour sur une question encore si peu connue.

Les motifs qui ont dirigé notre conduite ayant été suffisamment expliqués dans les considérations qui précèdent, nous allons immédiatement nous occuper de l'examen des deux questions qu'il nous reste à développer.

PREMIÈRE QUESTION.

« Déterminer l'influence que les divers procédés de castration exer-
« cent sur les grands animaux domestiques, et indiquer les procédés
« les plus convenables suivant la destination des animaux. »

DE LA CASTRATION EN GÉNÉRAL.

La castration est une opération qui consiste à priver les animaux des organes indispensables à la reproduction, ou bien à en annuler simplement les fonctions.

Très-répandue et généralement pratiquée dans les pays civilisés surtout, cette opération est négligée, sinon totalement abandonnée, dans certaines contrées du globe, telles que l'Afrique et une grande partie de l'Asie. Il en est de même de l'Espagne, où le service des armées est fait en partie par des chevaux entiers. L'Arabe, non plus, ne mutile jamais son cheval. Plus heureux ou plus adroit que nous, il sait obtenir de lui, par ses soins et ses caresses, ce que nous sommes obligés de demander à l'influence énervante de la castration.

Ancienneté de la castration. — L'origine de la castration se perd dans la nuit des temps, et remonte aux siècles les plus reculés. Les plus anciens livres en font mention.

En effet, Moïse, dans le *Lévitique,* défend à son peuple d'offrir au Seigneur aucun animal dont les testicules auront été *écrasés*, ou *foulés*, ou *arrachés*, etc.

Hésiode, dans son poëme des *Ouvrages* et des *Jours*, parle de cette opération appliquée aux béliers, aux chevreaux, aux taureaux et aux mulets.

Le philosophe de Stagyre, Aristote, dans son *Histoire des animaux*, nous apprend que, de son temps, la castration était pratiquée sur la plupart des animaux domestiques, sur quelques-unes de leurs femelles, sur les oiseaux, et enfin sur l'homme.

Pline recommande de ne châtrer les moutons qu'après l'âge de cinq mois seulement.

Varron, Columelle, Palladius, Apsyrte, Hiéroclès, etc., traitent aussi de l'opération qui nous occupe, et nous enseignent la manière dont elle était pratiquée par leurs contemporains.

But de la castration. — Le but que l'on se propose n'est pas seulement d'assouplir le caractère des animaux, de calmer leur irritabilité, de les rendre plus propres aux différents services que l'homme exige d'eux; on veut aussi parfois favoriser leur engraissement, ou bien encore guérir certaines maladies des organes génitaux.

D'autres fois enfin, on veut empêcher certains individus tarés ou mal conformés, de transmettre, par voie de génération, les défauts dont ils sont atteints.

Nécessité de la castration. — C'est une opération que l'on n'exécute qu'à regret, mais qui est rendue nécessaire par la difficulté que l'on éprouve à élever les jeunes animaux entiers, surtout quand ils sont abandonnés dans les pâturages.

Il est alors impossible de les laisser au milieu des femelles de leur espèce, sans compromettre les intérêts de l'éleveur.

On est contraint de les séparer, ce qui entraîne ce dernier à un surcroît de dépenses.

De plus, on ne peut ordinairement employer les animaux entiers sans s'exposer à de graves accidents.

Enfin, et pour les mêmes motifs, il faut se garder de les amener sur les champs de foire et les marchés.

La vente en est, d'ailleurs, toujours plus difficile.

Effets généraux de la castration. — Ceux qui ont écrit sur ce sujet sont d'un avis unanime, et s'accordent à dire qu'elle affaiblit et débilite l'animal qui la supporte.

Pratiquée sur le cheval, elle lui fait perdre une partie de sa vigueur et de son énergie.

En effet, le cheval hongre est triste, et n'a plus cette pétulance et cette noble fierté qui caractérisent le cheval entier. Son hennissement est moins sonore et se rapproche de celui de la jument. Il est, en outre, moins fréquent, et ce n'est que dans de rares circonstances qu'il se fait entendre. Le regard est aussi moins vif et moins expressif.

Avant l'opération, les formes sont plus massives et plus accusées dans les parties antérieures du corps; il n'en est plus de même alors que l'animal a perdu la faculté de se reproduire, et c'est, au contraire, le train postérieur qui, dans ce cas, augmente et se développe.

Les mêmes effets se reproduisent sur le taureau auquel on fait subir l'émasculation.

Le mugissement du bœuf est moins bruyant et plus rauque que celui du mâle entier; ses cornes sont plus longues; sa tête est plus effilée; son encolure est plus mince et plus grêle; son ventre est plus volumineux.

Il a perdu aussi, comme le cheval, une partie de sa puissance et de sa force.

Quoi qu'en aient pu dire les plus chauds partisans de la castration, ce sont là des faits pratiques bien observés, et qui sont aujourd'hui de notoriété publique.

Il suffit, pour s'en convaincre, de feuilleter les ouvrages spéciaux où il est traité de cette opération.

Ainsi, nous lisons à l'article CASTRATION du *Dictionnaire de médecine et de chirurgie* de d'Arboval, p. 175 et suivantes :

« Le cheval hongre n'a plus des ressorts de la vie que « ce qui est nécessaire pour sa triste existence; il n'aspire « qu'au repos et à la jouissance de sa ration; il n'a plus « ce superbe hennissement qui décèle les élans de sa force « et les impressions qu'il reçoit dès l'aurore de son exis- « tence; il devient lâche, faible, insensible; il est plus sujet « aux maladies et donne une jouissance bien inférieure « pour quiconque sait la goûter.....

« Le bœuf perd sa voix profonde, sonore, bruyante et « prolongée; ses cornes grossissent, s'allongent et se cour- « bent comme celles des vaches; un certain allongement « de toute la tête remplace la perte de la longueur de la « nuque, du front, du mufle et des naseaux ; l'encolure de- « vient grêle, le ventre est moins soutenu, les hanches sont

« moins saillantes, les quatre membres plus allongés, la « force et la vivacité beaucoup moindres. »

« Si elle — la castration — rend, dit Vatel, les animaux « plus dociles et facilite leur engraissement, on ne doit pas « oublier qu'en général les animaux châtrés n'ont jamais « cette énergie, cette force et ce courage, qui font le plus « bel apanage des individus qui ont conservé toutes leurs fa- « cultés reproductives, etc. » (Vatel, *Éléments de pathologie*, t. V, article Castration.)

Buffon professe la même opinion. Aussi dit-il, en parlant de l'émasculation des chevaux :

« Cette opération leur ôte beaucoup de force, de courage « et de fierté, etc., mais leur donne de la douceur, de la « tranquillité, de la docilité. » (*Œuvres complètes* de Buffon, t. XIV, article Cheval.)

M. Magne partage aussi cette manière de voir et s'exprime ainsi sur ce sujet :

« Après la castration, les muscles fessiers se dévelop- « pent, la croupe s'arrondit, le ventre grossit, mais l'épaule « diminue, l'encolure s'amincit, la crinière devient moins « touffue et la tête plus légère.

« Le cheval châtré hennit plus rarement que celui qui « n'a pas été privé de la faculté de se reproduire, et sa « voix a moins de force et marque moins d'énergie ; elle se « rapproche de celle de la femelle.

« La castration diminue, en général, la fierté et même « l'adresse, l'intelligence des animaux ; elle les rend pai- « sibles, dociles, moins volontaires. » (Magne, *Traité d'hygiène vétérinaire appliquée*, t. Ier, article Castration des solipèdes.)

Voici ce que pense là-dessus l'auteur de l'article Castration, du *Dictionnaire* de Lyon :

« La castration, dit-il, exerce une influence marquée sur « les sujets qui la subissent, surtout dans le jeune âge. « Elle arrête le développement de certaines parties du « corps, et diminue la résistance à la fatigue pour les ani- « maux de travail. »

Enfin, M. Henri Bouley, à l'article Castration du *Nouveau Dictionnaire de médecine, de chirurgie et d'hygiène vétérinaires*, en cours de publication, accorde à l'opération dont il s'agit la même influence, et reconnaît qu'elle exerce une action très-marquée et bien saisissable sur les divers animaux domestiques. Bien qu'elle soit pour nous d'une haute importance, l'opinion de ce savant professeur étant à peu près conforme, en tous points, à celles qui viennent d'être citées, nous ne la reproduirons pas textuellement, et nous renverrons pour plus amples détails à l'article sus-indiqué.

Nous pourrions signaler encore un bon nombre d'ouvrages et de mémoires où l'on retrouve la même pensée ; mais point n'est besoin, croyons-nous, d'ajouter à ce qui vient d'être dit.

Résumons-nous en disant que cette opération agit :

1° Sur le caractère, qu'elle dompte et assouplit;

2° Sur le développement, qu'elle contrarie presque toujours ;

3° Sur la conformation, qu'elle modifie profondément;

4° Enfin, sur la force, la vigueur et l'énergie, qu'elle diminue et paralyse d'une manière toujours sensible et appréciable.

Des divers procédés de castration. — Les divers procédés usités de nos jours sont très-nombreux et parfaitement connus de tous les vétérinaires.

Notre intention n'étant point de faire une monographie complète de la castration, — ce but a été pleinement atteint, d'ailleurs, et beaucoup mieux que nous ne saurions le faire nous-même, par le savant professeur de clinique de l'École d'Alfort, — nous ne nous arrêterons pas à décrire, avec tous les développements qu'il comporte, chacun des procédés mis aujourd'hui en pratique. Un pareil travail nous paraissant contraire à l'esprit et au texte des deux questions que nous avons à examiner, nous nous contenterons de dire seulement qu'on peut les ranger en deux classes ou séries, savoir :

1° Ablation des testicules.
2° Mortification de ces glandes.

Dans la première classe figurent, comme chacun le sait, les procédés suivants :

1° Castration par casseaux } à testicules couverts ou dé-
2° *idem* par ligature } couverts ;
3° Par ablation ;
4° Par cautérisation et section du cordon avec le cautère cultellaire ;
5° Par ratissage ;
6° Par torsion suivie d'arrachement.

Dans la seconde on signale :

1° Le bistournage ;
2° La ligature faite à l'extérieur du scrotum et comprimant les deux cordons à la fois ;
3° La ligature intérieure, agissant séparément sur les deux cordons, et dite *castration à l'aiguille ;*
4° L'écrasement.

Les méthodes les plus usitées et celles qui nous serviront de types, sont la castration par casseaux pour la première de ces deux classes, et le bistournage pour la seconde.

La castration par casseaux est, en effet, adoptée par la majeure partie des vétérinaires, et mérite d'être placée au second rang parmi les procédés d'émasculation des solipèdes, le premier devant être, à notre avis, occupé par le bistournage, lequel est, ainsi que l'a si bien dit M. Delorme, préférable à tous les moyens connus.

Pour ce qui est des autres procédés appartenant à la première catégorie, il nous suffira de dire qu'ils ne sont que rarement mis en pratique.

Quant aux méthodes par écrasement ou par ligature extérieure ou intérieure, ce sont là des moyens imparfaits, ou difficiles, ou barbares et dangereux.

Restent donc le mode par les casseaux et le bistournage.

Influence exercée par les divers procédés de castration sur les grands animaux domestiques. — Nous allons maintenant établir un parallèle entre les deux moyens de castration que nous venons de citer ; voir s'il en est un qui offre plus d'avantages et que l'on doive préférer, et donner ensuite les raisons de cette préférence.

Ayant déjà parlé des effets de la castration, nous n'y reviendrons pas, et nous passerons aussitôt à l'étude du procédé par le bistournage.

Avant d'aller plus loin, et pour l'intelligence de ce qui va suivre, disons que, pour nous, tout ce qui a été dit plus haut, au sujet des effets généraux de la castration, s'applique aux procédés dans lesquels on se propose la suppression des glandes spermatiques et non point aux autres.

Le bistournage est, sans contredit, la plus belle de toutes les opérations qui soient du domaine de la chirurgie vétérinaire.

C'est le moyen d'émasculation en même temps le plus simple, le plus prompt et le moins dangereux. Aussi ne peut-on, en voyant ce mode opératoire rester le monopole exclusif des châtreurs de profession, s'empêcher de regretter qu'un procédé aussi avantageusement exempt de tout péril ne soit pas encore connu des vétérinaires, et ne leur soit pas enseigné dans les Écoles.

Loin de ressembler à la castration ordinaire, qui énerve les animaux et les rend, en général, indolents, mous, lymphatiques et sans vigueur, le bistournage n'exigeant pour être pratiqué aucune division préalable des tissus vivants, n'amenant ni perte de sang, ni longue et épuisante suppuration, laisse au cheval toute sa force, en même temps que sa grâce, sa noblesse et sa fierté. Il sera facile de comprendre pourquoi il en est ainsi, quand on verra, dans la suite de ce mémoire, que, par ce moyen, l'opérateur peut laisser, à son gré, plus ou moins d'énergie au sujet, suivant qu'il intercepte, d'une manière plus ou moins complète, toute communication entre les vaisseaux spermatiques et les glandes de ce nom. On nous objectera, nous le savons, que, s'il en est ainsi, l'opération n'est faite que d'une manière incomplète, et qu'elle cesse d'être avantageuse. A cela nous répondrons que l'expérience et les faits pratiques sont loin d'être toujours d'accord avec les données de la théorie, et que, lorsque le bistournage a été convenablement pratiqué, l'opération est parfaite et le but qu'on se propose est bien atteint, puisque l'animal ne ressent plus de désirs génésiques. Elle est, en outre, disons-nous, plus favorable que les procédés traumatiques de castration, parce qu'elle laisse à l'animal, par le seul fait de la non-suppression des testicules, toute la plénitude de sa force et de sa vigueur.

Le bistournage n'agit que sur le caractère des animaux, dont il tempère la fougue et calme l'excès d'irritabilité; en un mot, il a tous les avantages de la castration ordinaire sans en avoir aucun des inconvénients.

Il nous sera aisé de prouver qu'il lui est de beaucoup supérieur.

Tout au contraire de cette dernière, qui, pour être exécutée, veut qu'il soit tenu compte, non-seulement de l'époque de l'année à laquelle on la pratique, mais encore de la température, de l'état de l'atmosphère, ainsi que des vents régnants, le bistournage ne cause au praticien aucun dérangement de ce genre.

En effet, il peut être employé :

1° *A toutes les époques de l'année*, sans que l'on ait jamais à se préoccuper d'aucune des conditions que nous venons d'indiquer ;

2° *En tous lieux*, sur le sommet des montagnes aussi bien que dans le fond des marais ;

3° Enfin, *à tout âge;* nous avons souvent vu bistourner des chevaux et des mulets de dix-huit, vingt, et même de vingt-quatre ans, et le succès le plus complet a toujours couronné l'opération.

En outre des précautions diverses dont nous venons de parler, la castration exige encore, de la part de l'opérateur, beaucoup de connaissances anatomiques, lesquelles sont loin d'être indispensables à celui qui emploie le procédé par torsion sous-cutanée.

Car, dans le premier cas, on porte l'instrument tranchant dans une région riche en vaisseaux et en nerfs, et l'on ne doit alors agir qu'en parfaite connaissance de cause, tandis que, dans le second, on opère avec la main seulement et sans même inciser les téguments.

Tout le monde sait qu'il est prudent de soumettre à une diète sévère l'animal qui doit être castré, si l'on ne veut exposer ce dernier à des accidents sérieux et quelquefois mortels.

Il n'en est pas ainsi alors que l'on emploie le bistournage; la précaution reste toujours bonne en elle-même, mais elle cesse d'être de toute nécessité ; ce qui permet, dans les cas pressants, d'opérer aussitôt après le repas.

Nous avons vu une première fois bistourner quatre poulains qu'on allait saisir dans la prairie, au milieu de leurs compagnons demi-sauvages, et que l'on rendait à leurs pâturages dès que les manipulations étaient terminées. Depuis lors, nous avons vu exécuter cette opération sur bon nombre de sujets placés dans les mêmes conditions, et toujours sans qu'il en soit résulté pour aucun d'eux le moindre accident et le moindre trouble fonctionnel ayant assez de gravité pour attirer l'attention et mériter les secours du vétérinaire.

Il convient cependant de dire que les coliques étaient, en pareil cas, plus fortes que dans les circonstances ordinaires.

Disons un mot maintenant des accidents qui suivent ou peuvent suivre la castration. Ici encore la supériorité du bistournage sera incontestable et victorieusement démontrée.

La seule indication de ces accidents suffirait presque, on en conviendra facilement, pour intimider celui qui, peu familiarisé avec son manuel, serait sur le point de procéder à la castration. Nous allons nous contenter de les énumérer; ce sont, d'après M. Henri Bouley :

1° L'hémorrhagie ;

2° L'amaurose ;
3° L'œdème volumineux ;
4° Les abcès ;
5° L'induration du cordon testiculaire ou champignon.
6° Les fistules ;
7° La gangrène locale ou générale ;
8° La hernie ;
9° La péritonite ;
10° Le tétanos.

Qu'advient-il, au contraire, après le bistournage convenablement pratiqué par un homme adroit ?....

Rien !....

On comprendra sans peine qu'en répondant de la sorte, nous ne tenons pas compte de l'engorgement des bourses, survenant après les manipulations exigées pour la pratique de ce mode opératoire, lequel est produit dans les vingt-quatre heures, et disparaît dans quelques jours sans que le sujet en ait ressenti le moindre dérangement.

Pour notre compte, n'ayant jamais vu cet engorgement nécessiter les soins de l'homme de l'art, nous croyons avoir le droit de le passer sous silence et de ne pas le regarder comme un accident venant à la suite de l'opération. Nous ne faisons, d'ailleurs, qu'imiter en cela l'indifférence de ceux dont les intérêts sont en jeu, c'est-à-dire des propriétaires, lesquels sont si convaincus de l'innocuité du susdit engorgement qu'ils ne s'en préoccupent jamais.

Longtemps avant notre sortie de l'École, le procédé d'émasculation par torsion sous-cutanée était préféré à la castration ordinaire par les propriétaires et éleveurs des environs de Coursan et de Narbonne.

Depuis vingt-sept ans que nous exerçons la médecine vétérinaire, nous avons vu très-souvent pratiquer le bistournage par le plus adroit et le plus habile des hongreurs de nos contrées, M. Lamarche, lequel a toujours fait, en moyenne, soixante à soixante-dix opérations par an dans notre seule clientèle, et nous devons à l'intérêt de la vérité de déclarer que nous n'avons jamais été appelé pour remédier à aucun accident survenu après l'emploi de ce procédé, soit par le fait de l'opération, soit par le fait de l'opérateur.

Ceux, en petit nombre, qui ont, avant nous, parlé du bistournage, M. Goux excepté, sont tout aussi affirmatifs sur ce point, et conviennent que cette opération n'a jamais été nuisible aux animaux sur lesquels ils l'ont vu pratiquer.

Notre savant confrère d'Arles, M. Delorme, qui, depuis longues années déjà, voit émasculer par ce procédé les chevaux des *manades* de son pays, nous dit, dans une lettre insérée dans le cahier de février 1857 du *Recueil*, p. 125, « *que l'opération n'est jamais suivie d'accidents.* »

Dans une autre lettre contenue dans le cahier de mars du même journal, p. 203, cet honorable confrère nous fournit encore une autre opinion non moins positive et d'une très-haute valeur.

Il cite une communication écrite émanant de M. Tabourin, professeur à l'École de Lyon, dans laquelle on lit les paroles suivantes :

« Dans la maison paternelle je n'ai jamais vu employer
« que le bistournage, et, à part un gonflement considérable
« des bourses qui persistait une quinzaine de jours, et que
« l'exercice au pâturage diminuait rapidement, je n'ai ja-
« mais observé d'accident. »

Donc, le bistournage a le mérite d'être simple, facile, à la portée de tous, et de pouvoir être pratiqué sans danger aucun, en tout temps, en tout lieu et à toutes les époques de la vie.

Le manuel n'exige pas, comme on a bien voulu le dire, une vigueur et une force peu communes ; de plus, l'opération est, en général, de très-courte durée et ne demande que quelques minutes. Eu outre, elle ne fait éprouver au sujet que très-peu de douleur, ne cause aucun dérangement, puisque les opérés peuvent être aussitôt remis aux travaux auxquels ils sont habituellement employés, et, ce qui est plus important encore, comme nous croyons l'avoir suffisamment démontré, elle n'expose jamais la vie de l'animal qui la subit.

Il nous reste encore à dire lequel de ces deux procédés doit être employé de préférence suivant la destination des animaux.

Pour nous, d'accord en cela avec les principes que nous avons déjà émis, nous croyons que le bistournage devrait être toujours employé sur le cheval, lequel est destiné à travailler jusqu'au terme de sa carrière et ne peut être autrement utilisé; tandis qu'on devrait supprimer les testicules chez le taureau, qui, dans tous les pays, et après un temps plus ou moins long, doit être sacrifié à la boucherie et livré ensuite à la consommation.

Ainsi que nous avons eu déjà occasion de le dire en commençant, la castration a pour effet d'abattre les forces d'un animal, de lui enlever sa fougue et sa pétulance, et de le rendre ordinairement nonchalant, faible et languissant. Dans ce cas, ce dernier tire un meilleur parti des aliments qui lui sont présentés; il assimile mieux, et alors la lymphe surabonde dans les tissus, les muscles deviennent plus volumineux, et l'embonpoint progresse et augmente rapidement.

C'est d'après ces considérations que nous croyons devoir conseiller cette opération pour le taureau.

Le bistournage, au contraire, n'enlevant à l'animal opéré ni sa vigueur, ni sa fierté, ni la vivacité de ses mouvements, s'oppose, on le comprendra sans peine, au développement de la graisse, et doit être usité sur tous les animaux de l'espèce chevaline.

En effet, le cheval, ne pouvant être employé qu'au travail, a besoin de conserver toutes ses forces et toute son énergie pour résister aux exercices pénibles qu'on exige de lui et aux nombreuses fatigues qu'il endure. Il doit, en un mot, pouvoir rendre à l'homme le plus de services possibles, et c'est pour ces divers motifs qu'il doit être bistourné et non châtré.

Comme nous l'avons fait remarquer plus haut, il n'en est

plus de même du bœuf, pour lequel le travail n'est que secondaire. Celui-ci devant, tôt ou tard, finir ses jours à l'abattoir, pour servir ensuite à l'alimentation des populations des villes et des campagnes, il est plus rationnel, croyons-nous, de chercher à faciliter son engraissement et à rendre sa chair plus savoureuse.

Or, il suffit pour cela de faire tout le contraire de ce que nous voyons pratiquer tous les jours, c'est-à-dire de châtrer les taureaux au lieu de les bistourner.

Personne n'ignore aujourd'hui que, lorsque les testicules du bœuf bistourné conservent encore quelque vitalité, l'engraissement de ce dernier est plus difficile. Dans ce cas, la chair a une odeur pénétrante, une saveur toute spéciale, et elle est moins faite et moins succulente que celle du bœuf châtré. Il perd aussi très-facilement la graisse, qu'il ne reprend qu'avec difficulté.

Autre raison encore de préférer pour le taureau la suppression des testicules à leur mortification.

Nous ne pensons pas avoir besoin de faire observer que le principe par nous établi n'est applicable qu'aux animaux uniquement destinés à la boucherie, comme aussi à ceux qui ne doivent être que temporairement soumis aux travaux agricoles.

Il va sans dire que, toutes les fois qu'il s'agira de bœufs spécialement travailleurs, nous serons les premiers à conseiller de pratiquer sur eux le bistournage, lequel leur laissera plus de vigueur et leur permettra de résister davantage aux différents services qu'on voudra leur imposer.

Ce qui devrait également encourager les vétérinaires à entrer hardiment dans cette voie, c'est que la castration par ablation des testicules offre beaucoup moins de danger quand elle est pratiquée sur le taureau que lorsqu'elle est employée chez le cheval.

« On peut châtrer le taureau, dit M. Henri Bouley, par « l'un ou l'autre des procédés usités pour le cheval, et avec « plus de chances de réussite encore, car les forces plas- « tiques étant plus puissantes dans le premier que dans le

« second, les lésions traumatiques sont bien moins susceptibles de se compliquer d'hémorrhagie et surtout de gangrène. Ajoutons que l'irritabilité moindre des animaux de l'espèce bovine et la moindre susceptibilité de leur péritoine diminuent beaucoup pour eux les chances de tétanos et de péritonite. » (*Nouveau Dictionnaire de médecine, de chirurgie*, etc., par MM. Henri Bouley et Reynal, article CASTRATION, déjà cité, p. 222.)

Nous ne pouvons pas donner à l'appui de ce qui vient d'être avancé, des faits pratiques d'une exactitude rigoureuse et qui nous soient personnels, mais, à défaut, nous nous appuierons sur ce qui a été dit à ce sujet par des hommes recommandables par leur savoir et par leur talent.

Ouvrons le *Cours de multiplication*, etc., *des animaux domestiques*, de Grognier, à la page 590, et nous l'entendrons dire, en parlant de la castration comme moyen de favoriser l'engraissement :

« C'est en atténuant les forces nerveuse, sanguine et musculaire, que la castration augmente la puissance nutritive et assimilatrice. Elle favorise l'accumulation de la graisse dans les vésicules adipeuses, en diminuant les mouvements excentriques. . . . . »

« Il arrive souvent que l'opération — le bistournage — étant incomplète, ces mâles, particulièrement les taureaux, conservent trop de leur sexe pour prendre facilement la graisse. D'un autre côté, l'animal ressent, tandis que les testicules s'atrophient, une douleur sourde qui l'empêche de devenir gras en dedans.

« L'ablation est un moyen beaucoup plus sûr : il doit être employé spécialement sur les bêtes destinées à la boucherie, etc. »

Citons encore l'opinion d'un savant professeur dont le nom fait autorité dans la science.

« Les animaux châtrés, dit M. Magne, n'étant plus excités par le besoin de propager l'espèce, sont paisibles, font peu de déperditions et leur sang devient riche ; les fluides qui se portaient sur les organes génitaux se dis-

« séminent dans les tissus; ceux-ci, devenus plus mous, « se laissent plus facilement pénétrer par les fluides nu- « tritifs ; la graisse se dépose entre les fibres, et la viande « devient entrelardée, tendre, succulente ; tout le corps ac- « quiert du développement et les muscles sont gros. »

Et plus loin il ajoute :

« Il faut amputer les testicules toutes les fois que les « animaux seront destinés à l'engraissement. » (Magne, *Hygiène appliquée*, t. II, p. 286 et 287).

Enfin, cet honorable professeur est encore plus affirmatif et plus explicite dans la lettre adressée par lui à M. Delorme, et insérée au n° de mars du *Recueil*, déjà cité.

« Il est malheureux, dit-il, que nous fassions le con- « traire de ce qui devrait être fait, que nous bistournions « le bœuf qu'il faudrait châtrer par amputation pour le « rendre aussi apte que possible à prendre la graisse, « tandis que nous procédons par amputation sur le cheval, « qu'il faudrait bistourner pour lui laisser plus d'énergie. »

Nous croyons n'avoir rien à ajouter après avoir cité une opinion aussi nettement formulée, et nous bornerons là les considérations dans lesquelles nous avons cru devoir entrer dans la première partie de ce mémoire.

DEUXIÈME QUESTION.

« Est-il possible de graduer le bistournage et de le pratiquer sur « les animaux solipèdes de manière à affaiblir l'instinct génésique, « qui les rend parfois dangereux, sans leur faire perdre complète- « ment l'énergie qui distingue le cheval entier? »

Si la première des deux questions mises au concours est accessible à toutes les intelligences et se trouve, par conséquent, à la portée de tous nos confrères, nous n'en dirons pas autant de la seconde.

Aussi, bien qu'il soit convenable d'accorder à celle déjà traitée toute l'utilité et toute l'importance qu'elle comporte, nous a-t-elle paru néanmoins offrir beaucoup moins d'intérêt que celle-ci.

Et d'abord, hâtons-nous d'en faire l'observation, nous avons de la peine à comprendre pourquoi la Société centrale a cru devoir s'adresser aux vétérinaires, pour leur demander la solution d'une question que pas un d'eux ne pourra essayer de résoudre, à moins qu'il ne soit, comme nous, placé dans une position exceptionnelle.

En effet, si nous en croyons tout ce qui a été écrit dans ces dernières années sur le bistournage du cheval, cette belle opération n'a encore été pratiquée avec fruit, convenance et appropriation, par aucun des nôtres. Or, si pas un de nos collègues n'a pu, jusqu'à ce jour, utiliser le remarquable procédé d'émasculation dont il s'agit, pourquoi leur demander s'il leur paraît possible de graduer le bistournage, et surtout les prier d'appuyer les considérations qu'ils pourraient avoir à développer, sur des preuves irrécusables et depuis longtemps acquises ?

Nous n'avons pas besoin d'insister, pensons-nous, sur la vérité du fait qui vient d'être énoncé, et tout le monde demeurera convaincu avec nous, nous osons le croire, que la question dont il s'agit ne pourra être traitée convenablement que par celui-là seul qui comprendra et pratiquera lui-même l'excellente méthode dont nous parlons.

Ce fait étant une fois bien démontré, nous allons plus loin, et nous affirmons qu'un vétérinaire, alors même qu'il pratiquerait l'opération précitée depuis trois mois, six mois, un an même, ne pourrait remplir les vues des honorables membres de la Société, et leur dire si cette graduation est possible ou non.

Il manquerait à celui-là un degré d'expérience suffisant pour pouvoir affirmer ou infirmer consciencieusement.

Pour apprécier utilement tous les avantages et les diverses particularités qu'est susceptible d'offrir à l'opérateur ce beau procédé de castration, l'on aurait besoin, comme on le dit vulgairement, d'être *vieux dans le métier*, et il a fallu que nous nous trouvions placé au milieu d'un concours de circonstances bien favorables, pour que, faible et impuissant, nous soyons amené à devenir l'avocat d'une cause aussi intéressante.

M. Lamarche, ayant à cœur de vulgariser son procédé opératoire, a offert au gouvernement, ainsi que tous les vétérinaires le savent aujourd'hui, de l'enseigner aux trois professeurs de clinique de nos Écoles. Les dispositions que montre ce praticien distingué pour la classe des vétérinaires sont assurément très-bienveillantes, et nous aurions de la peine à nous expliquer pourquoi l'on hésiterait plus longtemps à mettre à la portée de tous un moyen d'émasculation qui est appelé à rendre de si réels services à l'agriculture.

Ce châtreur habile, bien que doué, d'ailleurs, d'un jugement et d'une intelligence assez remarquables, ne possède pas les moyens nécessaires pour défendre et faire valoir lui-même le procédé de bistournage auquel il a apporté de si notables modifications.

Aussi, dans l'espoir de travailler avec plus de fruit à sa louable entreprise, a-t-il jugé convenable de le faire connaître à un vétérinaire, et cela, on le conçoit aisément, dans le but de trouver en lui un auxiliaire favorable.

Ce vétérinaire, qne M. Lamarche a cru devoir distinguer parmi tant d'autres, c'est nous, c'est l'auteur du travail imparfait, mais consciencieux, que nous avons l'honneur de soumettre à la haute appréciation de la Société.

En nous confiant des intérêts aussi graves, l'honorable praticien que nous venons de nommer n'aura-t-il pas fait fausse route, et ne lui était-il pas facile de trouver parmi nos collègues un plus habile et plus éloquent défenseur?

A ces deux questions formulées d'une manière si claire et si précise, nous croyons devoir répondre par une affirmation bien sincère; et, s'il ne nous est pas donné de faire obtenir à M. Lamarche l'honorable distinction que nous avons cru devoir solliciter pour lui, il nous sera permis, du moins, en le remerciant ici publiquement de la bienveillance qu'il nous a témoignée, de l'assurer que, si faible et si petit qu'il soit, notre concours bien dévoué lui est à tout jamais acquis.

En parcourant les journaux vétérinaires, les ouvrages spéciaux, ainsi que les mémoires des Sociétés savantes, publiés dans ces derniers temps, on est tout d'abord surpris et étonné de voir que la question du bistournage du cheval n'a été traitée que par un bien petit nombre d'auteurs.

Que faut-il penser de cela ?

Devons-nous croire qu'une opération chirurgicale aussi belle et aussi remarquable est totalement inconnue de la majeure partie de nos collègues ?.... Ou bien faut-il attribuer ce manque de bons écrits sur ce sujet, à l'indifférence de ceux qui, nantis des connaissances voulues, n'ont pas cru devoir les répandre et ont dédaigné de traiter cette question ?.....

Nous avons de la peine à croire à une pareille indifférence et à un semblable dédain, et nous aimons mieux nous en tenir à notre première hypothèse.

C'est à M. Géraud, de Clérain, que revient l'honneur d'avoir tiré de l'oubli un procédé de castration si utile et si digne d'occuper les esprits. C'est lui qui, le premier, a eu l'heureuse idée d'appeler de nouveau l'attention du monde vétérinaire sur le bistournage du cheval.

Dans un excellent mémoire, présenté en 1846 à la Société vétérinaire de Libourne, il fit connaître le manuel opératoire qu'il employait alors et dont il se sert peut-être encore aujourd'hui, lequel n'est autre chose que le procédé habituellement usité pour le taureau. La publication de ce travail, où se trouvent consignées certaines considérations physiologiques assez importantes, valut à son auteur de la part de M. Goux, d'Agen, une verte apostrophe, et il lui fut reproché d'avoir fait de la chirurgie du taureau sous la peau du cheval. C'est là, ce nous semble, une étrange manière de combattre un fait que l'on conteste et dont on n'admet pas la valeur.

Aussi bien, M. Goux eût pu en appeler à sa propre expérience, et s'assurer par des essais nombreux et multipliés, avant de critiquer si amèrement M. Géraud, que le procédé indiqué par ce vétérinaire n'est pas applicable au cheval.

On se doit, croyons-nous, plus d'égards entre confrères.

Et ce qui prouve bien que notre estimable collègue d'Agen eût dû agir avec moins de précipitation, c'est que, en même temps que lui, M. Festal adressait à la Société centrale vétérinaire un mémoire dans lequel il reproduit sans doute le manuel de M. Géraud, puisque M. Henri Bouley nous dit, dans son article sur la castration (*loco citato*), que, d'après ces deux habiles vétérinaires — MM. Géraud et Festal — « le bistournage du cheval s'exé-« cute suivant les mêmes règles que celui du taureau et « comporte les mêmes manœuvres. »

De ce que les procédés cités par MM. Géraud et Goux n'ont jamais été essayés par nous, et ne ressemblent en rien à celui que nous voyons journellement employer depuis si longtemps, nous n'en concluons pourtant pas que nous ayons le droit de les déclarer absurdes ou impossibles.

A l'exemple de M. Goux, MM. Delorme et Prangé ont aussi publié chacun un manuel opératoire du bistournage tel qu'il est exécuté par les châtreurs de la camargue. Ces trois messieurs, au reste, n'ont jamais pratiqué l'importante opération qui nous occupe. Les deux premiers nous ont donné ce qu'ils ont vu et ce qu'ils ont cru comprendre en assistant à des opérations faites par les bistourneurs de leurs pays ; le troisième, M. Prangé, ne nous a fait connaître que ce qu'il doit aux renseignements de M. Marc Clamour, d'Arles.

Tous les divers procédés dont nous venons de parler sont, comme nous allons le démontrer, beaucoup plus douloureux, moins simples et surtout bien moins faciles que celui que nous connaissons, lequel a été porté par M. Lamarche à un très-haut degré de perfection.

Le procédé de cet habile opérateur peut, en effet être regardé comme réduit à la plus entière simplicité, et nous

nous estimons heureux de pouvoir en donner aujourd'hui à nos confrères une description aussi exacte et aussi complète que possible.

PROCÉDÉ OPÉRATOIRE DE M. LAMARCHE.

Ce procédé comporte deux temps principaux : dans le premier, on s'occupe de rompre les adhérences établies autour de la glande spermatique, afin de rendre possibles et faciles les mouvements qu'on voudra lui faire exécuter; dans le second, on fait tourner cette même glande un nombre de fois sur elle-même, afin de tordre en même temps le cordon testiculaire et d'anéantir ainsi la fonction de la reproduction.

Premier temps. — L'animal étant une fois abattu et convenablement fixé, on le renverse en le plaçant en équilibre sur les reins, et on le donne à maintenir dans cette attitude à deux aides, dont le rôle se borne à conserver à celui-ci la position que nous venons d'indiquer. Pour cela, ils tendent chacun une jambe en avant, glissent, à la hauteur du garrot, le pied sous la partie du corps qui est en contact avec le sol, et appuient le genou contre l'épaule correspondante, empêchant ainsi le sujet de faire aucun mouvement latéral.

Ce dernier est pris alors comme entre les deux mors d'un étau, et ne peut plus agiter que ses membres, auxquels il imprime, de temps à autre, mais surtout pendant les premières manipulations, de brusques mouvements d'extension. Ces mêmes aides sont, en outre, chargés de tenir les quatre membres fléchis, ce qu'ils font en pesant fortement sur les canons du bipède antérieur, qu'ils tirent en bas et en avant. Un troisième aide est placé à la tête, laquelle doit avoir aussi une direction verticale, et n'appuyer au sol que par la nuque.

Un seau rempli d'eau froide est placé à côté de l'opérateur; celui-ci, mettant ses deux genoux en terre, verse d'abord une petite quantité d'eau sur les bourses, afin de paralyser autant que possible les fâcheux effets de la matière onctueuse abondamment sécrétée par la peau en cet endroit du corps, et laquelle empêche de bien saisir les testicules, qui échappent à la pression et fuient sous les doigts avec la plus extrême facilité, quand on a négligé de mettre en pratique cette importante mesure de précaution.

Puis, saisissant le scrotum, que l'on distend légèrement, on fait subir à celui-ci, entre les deux mains, un mouvement de va-et-vient en tout comparable à celui que les blanchisseuses emploient pour le linge qu'elles sont chargées de décrasser. En ce faisant, on donne à la peau des bourses plus de souplesse et d'élasticité, et la glande testiculaire peut exécuter alors des mouvements moins bornés et de plus faciles glissements.

Prenant ensuite le testicule gauche dans la main droite étendue, on promène le pouce d'arrière én avant, et en suivant le bord supérieur de l'épididyme, afin des 'assurer de la position du canal efférent. Celle-ci une fois bien reconnue, l'opérateur devra placer l'extrémité du doigt précité un peu en arrière de cet organe, et pousser alors avec force, obliquement en avant, et de dedans en dehors, dans la direction de l'aine, comme s'il s'agissait de percer les premières enveloppes testiculaires et de pénétrer dans l'intérieur des bourses. Après quelques efforts bien soutenus, le pouce qui, tout d'abord, a rencontré une assez forte résistance, ne tarde pas à se frayer un passage ou, pour mieux dire, à rompre d'une manière plus ou moins brusque les fibres d'un tissu placé en dessous du scrotum et du dartos, et formé par la membrane érythroïde et par les tuniques fibreuse et séreuse du testicule. Ajoutons, pour la bonne intelligence de la chose, que la déchirure se produit ordinairement à l'endroit où l'expansion des fibres charnues du crémaster offre le moins de résistance.

Il ne reste plus, pour compléter cette première partie de l'opération, qu'à s'parer du bord supérieur, et particulièrement de la queue de l'épididyme, la portion repliée de la tunique séreuse dite *septum postérieur* de la tunique vaginale. Pour cela faire, et tout en maintenant le doigt que nous avons indiqué dans cette même ouverture, on doit laisser échapper la glande sur laquelle il convient de n'exercer jamais que de bien faibles et bien légères pressions. La position de la main étant ensuite subitement renversée, on pratique, d'une manière continue, et d'avant en arrière, une traction plus ou moins forte, suivant les cas, et l'on agrandit ainsi facilement la voie déjà tracée dans l'intérieur des membranes précitées. Un petit bruit sec, ressemblant assez au léger craquement d'une étoffe qu'on déchire, annonce, dans tous les cas, que le but est atteint.

Suffisantes, le plus souvent, pour constituer à elles seules ce que nous appellerons une opération heureuse ou bien réussie, les diverses manipulations que nous venons d'indiquer ne permettent pas toujours néanmoins à celui qui les a exactement employées, de faire exécuter à la glande le nombre de tours qui auront été reconnus nécessaires. Quelques adhérences, quelques obstacles dont l'opérateur exercé reconnaîtra bientôt la nature et la gravité peuvent exister encore, et l'on comprendra aisément qu'en semblable occasion l'usage et l'habitude doivent faciliter beaucoup plus que toutes les indications théoriques, la juste appréciation des circonstances exceptionnelles qui peuvent se présenter.

Quand ce premier temps du bistournage a été bien accompli, l'organe, devenu libre à sa partie postérieure et n'étant plus soutenu en avant que par le cordon testiculaire, est alors flottant dans les bourses et peut subir le degré de torsion que l'on juge convenable.

Deuxième temps. — Nous avons hâte de dire maintenant qu'il ne faut pas chercher à faire basculer le testicule, qui doit tourner horizontalement sur lui-même.

Pour cela faire, il faut placer la main comme pour le premier temps de l'opération. On ramène tout d'abord le testicule un peu en arrière, de manière à ce qu'il repose sur le périnée; on l'abrite en quelque sorte sous la main, et on le comprime juste assez pour le maintenir en place. Puis, à l'aide de l'index légèrement recourbé, on saisit le cordon testiculaire qui sert ainsi de point d'appui; on porte ensuite le pouce loin en arrière, vers le *globus minor* de l'épididyme, et l'on imprime au testicule un mouvement en avant, en suivant toujours les muscles de la région interne de la cuisse. Quand on est arrivé dans le fond de l'aine, on donne à la glande, à l'aide de la paume de la main, une petite secousse en avant, et avec l'index on tire subitement le cordon en arrière, de manière à ce que ce dernier se rapproche le plus possible de la position que nous venons d'indiquer. Le mouvement de semi-rotation, de dehors en dedans, est alors opéré, et il n'y a plus qu'à continuer la même manœuvre autant de fois que le demande l'état de l'animal à émasculer.

Lorsqu'on a fait exécuter au testicule le nombre de tours que l'on croit utile, selon les cas, l'opérateur doit saisir le scrotum à deux mains, dans le sens de sa plus grande largeur, le distendre légèrement et le faire tenir par un aide qui le prend, dans son milieu, en le tenant entre le pouce et la main fermée, en ayant grand soin de ne lui faire subir qu'une traction modérée.

On applique un lien quelconque et l'opération est finie.

On recommence à l'aide de la main gauche, sur le testicule droit, les diverses manipulations qui viennent d'être rapportées.

Voilà, en résumé, le procédé de M. Lamarche, lequel est, disons-le encore une fois, simple, sans danger aucun, aisé et facilement exécutable quand il a été bien compris. Comme on a pu le remarquer, nous avons retracé avec une attention assez minutieuse tous les détails et les diverses particularités qui peuvent en faciliter la conception. A partir de ce moment, tous nos confrères peuvent donc se mettre à l'œuvre et étudier avec persévérance une méthode opératoire qui, à notre avis, a sur tous les autres modes de castration connus un avantage assurément incontestable.

Mais, malgré tous les soins que nous nous donnons aujourd'hui pour répandre et vulgariser le manuel théorique du procédé Lamarche, il devient néanmoins probable, nous le croyons du moins sincèrement, que le plus grand nombre des expérimentateurs ne parviendront que difficilement à le pratiquer d'une manière prompte, heureuse et convenable. Il y a, qu'on ne s'y trompe pas, entre les démonstrations de la théorie et l'enseignement pratique de ce procédé, une différence bien grande, et nous aurions à regretter longtemps encore pour nos jeunes confrères des Écoles de bien sérieuses difficultés, si nous n'avions le bonheur de pouvoir leur dire que M. Lamarche est entièrement disposé à enseigner son manuel pratique. Qu'il plaise donc à M. le ministre de l'agriculture d'exprimer à cet estimable praticien le désir qu'il aurait de le voir opérer quelques sujets devant MM. les professeurs de clinique, et les intentions de Son Excellence seront immédiatement satisfaites.

Il ne sera pas inutile, croyons-nous, d'examiner ici comparativement la description des trois ou quatre procédés de bistournage qui ont été publiés jusqu'à ce jour, avec celui que nous venons de donner, et de faire ressortir, en même temps, les notables différences qu'ils offrent entre eux.

Le moyen qu'emploie M. Géraud pour l'émasculation du cheval par le bistournage ayant été suffisamment indiqué, nous n'y reviendrons pas ; il présente, d'ailleurs, avec le procédé Lamarche une si grande disparité, qu'il ne saurait supporter avec ce dernier la plus légère comparaison.

M. Festal, dans un mémoire envoyé à la Société centrale vétérinaire, et encore inédit, ayant fait connaître une méthode semblable à celle de M. Géraud, se trouve absolument dans les mêmes conditions que celui-ci, et mérite, de notre part, les mêmes observations.

M. Goux, sur l'appréciation des opérations qu'il a vu pratiquer par les châtreurs de son pays, nous a donné sur le bistournage un manuel toujours fort douloureux pour l'animal, le plus souvent barbare et bien susceptible, selon nous, de provoquer de nombreux accidents. La manière de voir de notre confrère d'Agen, sur l'inhabileté des praticiens qu'il a vus à l'œuvre, nous paraît juste et bien fondée, et nous serions heureux de la partager entièrement, si les nombreuses preuves de maladresse qu'il a pu recueillir ne l'avaient porté à formuler contre l'opération sous-cutanée qui nous occupe la plus formelle et la plus énergique réprobation. La supériorité du bistournage sur toutes les autres méthodes de castration étant aujourd'hui bien reconnue par un assez grand nombre de vétérinaires fort distingués, la propagande de M. Goux contre un procédé d'émasculation si avantageux ne saurait plus avoir de raison d'être, et nous nous plaisons à espérer, au contraire, que, conseillé par l'intelligence supérieure que nous lui connaissons, il reviendra bientôt à des dispositions plus favorables.

Les procédés donnés par MM. Delorme et Prangé, et empruntés tous les deux aux bistourneurs de la Camargue, sont, pour cette raison, à peu près les mêmes, et nous paraissent devoir être préférés à ceux des honorables confrères que nous venons de nommer. Nous avons donc cru devoir les adopter comme types de comparaison avec le procédé de M. Lamarche, et nous allons essayer de démontrer, en quelques mots, que le mode opératoire employé par cet habile praticien constitue une méthode à part, supérieure, à tous égards, à celles que nous venons d'indiquer, et présentant un degré de perfection que nous avons dû signaler, et qui deviendra facilement saisissable pour tout le monde.

« Le cheval étant placé sur le dos, dit M. Delorme, l'o-
« pérateur promène sa main, pendant plusieurs minutes,
« sur la longueur du cordon, en le pressant fortement et
« aussi en l'étirant. Il manipule également le testicule
« pendant quelques instants, il le malaxe, en quelque sorte,
« afin de le rendre plus mobile dans ses enveloppes et de
« rompre les adhérences qui existent parfois. »

Bien que préférables à celles que nous savons être employées par les praticiens de la Gascogne, lesquels utilisent parfois le bout d'un bâton pour vaincre les adhérences trop prononcées, les manipulations diverses que vient de nous indiquer M. Delorme nous paraissent devoir être pour l'animal toujours très-douloureuses et capables de provoquer parfois des accidents consécutifs. M. Lamarche, on l'a vu dans l'exposé que nous avons fait de son procédé, n'exerce dans aucun cas la moindre action sur le cordon testiculaire et ne l'étire jamais. Il ne soumet non plus les testicules à aucune de ces manipulations brutales qui constituent, aux yeux de M. Prangé, une sorte de pétrissage, et n'emploie que la seule force du pouce pour rompre toutes les adhérences qui existent. Les organes que nous venons de nommer sont légèrement contenus, pendant toute la durée de l'opération, dans le creux de la main, laquelle ne doit jamais effectuer sur eux qu'une très-minime pression.

Nous n'avons pas besoin d'insister, pensons-nous, sur la différence qu'offrent entre eux les deux procédés que nous venons d'examiner succintement, et nous nous contenterons de faire observer que dans le second temps de l'opération, c'est-à-dire alors qu'il faut faire exécuter à l'organe le nombre de tours que réclame l'état du sujet, le vétérinaire qui utilisera le *procédé Lamarche* n'aura aucun besoin d'employer les deux mains, comme le font les bistourneurs de la Camargue.

Nous ne saurions, d'ailleurs, mieux faire que de nous en remettre à l'intelligente appréciation de nos confrères, et nous nous plaisons à croire qu'après avoir constaté les modifications qui ont été apportées par M. Lamarche à l'importante opération qui fait le sujet de ce mémoire, ils reconnaîtront avec nous tout ce qu'il y a de supérieur et d'avantageux dans le procédé que nous publions aujourd'hui et que nous devons à l'obligeance de ce praticien distingué.

Il est difficile de se rendre compte de la véritable cause du discrédit dans lequel le bistournage était tombé depuis longues années, et dont il se relève à peine aujourd'hui.

La défaveur qu'entraînait après elle la pratique de ce mode opératoire était telle que, pendant longtemps, pas un vétérinaire n'eût osé l'employer.

Aussi voyons-nous encore, de nos jours, la plus belle de toutes les opérations comprises dans le cadre de la chirurgie vétérinaire, livrée aux mains de gens sans aveu pour la plupart, d'*artistes de bas étage*, comme l'a si bien dit notre savant collègue d'Arles, et rester le monopole des châtreurs de profession. C'est là surtout ce que nous devons déplorer. Il serait à désirer qu'il fût mis un terme à un pareil état de choses, et chacun de nous doit souhaiter, du fond du cœur, de voir le gouvernement prendre les mesures nécessaires pour que ce procédé soit bientôt porté à la connaissance de tous les vétérinaires français, dont on sauvegarderait ainsi les intérêts. Car, tous ces hongreurs sont plus ou moins empiriques, et livrent à nos confrères des pays par eux exploités une concurrence acharnée et souvent fatale; et c'est grâce au puissant moyen dont ils sont en possession, qu'ils en arrivent, après avoir été une fois appelés chez un propriétaire, à capter sa confiance et à obtenir de lui le droit de traiter ses animaux malades. Le contraire aurait lieu si le vétérinaire pouvait bistourner aussi bien qu'eux; il n'y aurait plus, ce nous semble, de rivalité possible entre eux, et ce serait là bien certainement le moyen de lutter avantageusement contre l'*empirisme*, et de se débarrasser, en grande partie du moins, d'un fléau dont se trouvent si cruellement affligées certaines parties de la France.

Le moyen dont nous parlons nous paraît plus sûr et beaucoup plus avantageux que la loi répressive que l'on implore en vain depuis longtemps, et que, pour notre compte, nous regardons aujourd'hui comme inexécutable.

Ainsi que nous venons de l'exposer, c'est à notre dédain mal entendu et à notre indifférence, que nous devons de voir ce procédé chirurgical aux mains de gens en général peu honorables et placés sur les derniers degrés de l'échelle sociale. On leur reproche encore, et c'est à juste titre, d'être presque tous incapables et inhabiles. Aussi voit-on, dans certaines contrées où le bistournage du cheval est pratiqué par des hommes maladroits, l'opération être suivie d'accidents presque aussi graves que ceux qui accompagnent souvent la castration faite à l'aide des autres procédés.

Mais, de ce que l'on aura vu opérer la torsion sous-cutanée par des mains inhabiles, et de ce qu'elle aura été, dans ce cas, suivie d'accidents plus ou moins fâcheux, s'ensuit-il que l'on soit en droit pour cela de rejeter cette méthode opératoire comme n'offrant aucune valeur, et faut-il, sans examen ni discussion, adopter des conclusions essentiellement contraires à sa propagation?...

Assurément non.

Il faut au moins, avant de se prononcer, voir si la règle ne souffre pas d'exception, et si personne ne peut nous en donner un procédé simple, aisé, sans danger, et plus parfait, en un mot, que toutes les autres méthodes connues.

Or, c'est là ce que nous offre M. Lamarche, homme adroit et habile s'il en fut, et qui, dans toutes les contrées qu'il parcourt, a su s'attirer l'estime et la considération publiques.

Arrivons enfin à la question principale, et répondons :

OUI, *il est possible de graduer le bistournage sur les animaux solipèdes de manière à affaiblir l'instinct génésique qui les rend parfois dangereux, sans leur faire perdre complétement l'énergie qui distingue le cheval entier.*

Telle est, du moins, notre opinion, et c'est ce que nous allons essayer de démontrer.

Pour arriver à ce résultat, il ne nous est pas possible, comme a cru devoir le demander la Société centrale, de donner des faits d'une exactitude mathématique, et de citer des expériences tentées par nous à l'effet de prouver ce que nous avançons; mais il nous sera permis de nous appuyer avec quelque succès, nous l'espérons, sur ce que nous avons vu depuis que nous existons comme vétérinaire.

Au reste, nous n'avons eu d'autre prétention, en rédigeant ce mémoire, que de dire ce que nous savons, ce que nous avons observé, ce qui se fait journellement sous nos yeux et qui peut être fait partout, et rien de plus.

Ainsi que nous l'avons déjà fait remarquer, ce n'est pas d'hier que nous connaissons les effets du bistournage, et que nous le voyons employer, non-seulement sur les chevaux de nos haras demi-sauvages, mais encore sur tous ceux de nos contrées, sans exception. On castre aussi de la même manière les mulets et les baudets. C'est le cas de remarquer ici que, depuis bien longtemps, il ne nous a pas été possible de pratiquer la castration, vu que les éleveurs de nos pays et la généralité des propriétaires appellent exclusivement M. Lamarche. Ceci nous est commun avec la majorité des vétérinaires de l'Aude et une partie de ceux de l'Hérault et du Tarn, contrées parcourues et desservies par cet habile praticien.

Ayant toujours vécu avec ce dernier en bonne intelligence, nous avons pu très-souvent le voir opérer, et nous avons maintes fois entendu les propriétaires des animaux à émasculer, prier M. Lamarche de graduer l'opération, de la doser, pour ainsi dire, plus ou moins, suivant les cas, et ce dernier agissait alors en conséquence.

Ce cheval-ci, disait l'un, est très-irritable, il est quinteux, trop violent; faites-lui un tour ou bien un tour et demi de plus, et le désir du maître était aussitôt accompli, et l'événement répondait toujours à ses prévisions. Le cheval, tout en conservant sa force, sa vigueur, son entière aptitude au travail, devenait plus calme, plus docile et cessait d'être inabordable.

Ce poulain, disait un second, est un peu faible, sans ardeur, et demande un demi-tour ou un tour de moins que les autres. L'opération avait lieu de la manière indiquée, et l'attente du propriétaire n'était jamais trompée. Quelque temps après, l'animal se trouvait dans les conditions désirées, et pouvait supporter avantageusement, et tout aussi bien qu'avant la torsion, les exercices divers auxquels on voulait le soumettre.

Les harassiers ou conducteurs des *manades* de chevaux camargues eux-mêmes sont si bien convaincus de la vérité de ce que nous avançons, qu'en l'absence de leurs maîtres, nous les avons souvent entendu adresser les mêmes demandes à M. Lamarche, et le prier de graduer le bistournage, suivant le tempérament et l'irritabilité plus ou moins grande des animaux à opérer.

Et cependant, il faut croire que ces gens-là n'agissent que d'après les données de la plus saine expérience, car, n'ayant pas reçu d'éducation, ils ne peuvent guère se laisser prendre à des théories trompeuses et erronées ; ils s'en tiennent, au contraire, aux faits qu'ils voient tous les jours se reproduire sous leurs yeux. Ajoutons que nul mieux qu'eux ne peut juger de la véritable valeur des chevaux qui leur sont confiés, et c'est alors que ces derniers sont engagés dans un travail très-pénible, le battage des céréales, qu'il est possible à leurs conducteurs de juger du degré d'énergie de chacun d'eux, et de voir si l'opération a accompli leurs propres désirs et justifié leurs prévisions.

Or, nous restons bien pénétré de cette vérité, que les propriétaires de chevaux quelconques, camargues ou autres, mais surtout des premiers, chez lesquels ces faits peuvent être observés plus souvent, cesseraient bien vite de parler de la sorte, si les résultats de l'opération étaient différents de ceux qu'ils en attendent, et si les modifications obtenues ne répondaient pas à leur manière de voir.

Ce sont là des circonstances pratiques bien avérées et admises par tous, dans nos pays du moins ; aussi n'en parlerons-nous pas d'avantage. Nous ne citerons point non plus les noms des nombreux éleveurs ou propriétaires, nos clients, chez lesquels nous avons pu nous convaincre de l'exactitude de ce que nous avons avancé ; ce serait faire une longue liste qui n'ajouterait rien à ce que nous avons dit nous-même.

Nous ne saurions, toutefois, passer outre sans citer à l'appui de l'opinion que nous venons d'exprimer, les paroles d'un professeur bien distingué dont nous avons, plus d'une fois déjà, invoqué l'autorité.

« Le bistournage, — dit M. Magne, dans son *Traité d'hy-* « *giène appliquée*, p. 289, — est fort usité en France ; les « Auvergnats, dont le bétail est si recherché, recomman- « dent même aux châtreurs de laisser aux taureaux un peu « d'amour ; c'est-à-dire de ne pas tordre complétement les « cordons, de laisser un peu de vitalité aux testicules. »

Ceci est, ce nous semble, de nature à confirmer ce que nous avons avancé pour le cheval.

Nous pouvons corroborer maintenant les raisonnements qui précèdent par d'autres, lesquels reposeront sur un fait plusieurs fois constaté par nous dans le cours de notre pratique déjà assez longue.

Depuis l'époque où nous avons commencé à accorder à l'importante opération du bistournage une attention plus particulière, c'est-à-dire depuis seize à dix-huit ans environ, nous avons eu occasion de faire beaucoup d'autopsies, et nous ne les avons jamais pratiquées sans porter notre attention sur le volume plus ou moins considérable offert par les testicules de chevaux depuis longtemps bistournés.

Mû par un simple sentiment de curiosité, et sans chercher encore à tirer de là la moindre induction, nous incisions presque toujours ces organes. Sur les uns, quelquefois assez peu développés pour offrir à peine la grosseur d'une noix, nous avons pu constater un état presque complet d'atrophie : le tissu en était blanchâtre, induré et un peu criant sous le scalpel ; les traces de vitalité étaient en eux peu saisissables.

Chez d'autres, ayant à peu près conservé le volume d'un œuf ordinaire et quelquefois davantage, le tissu était mou, moins résistant, et l'on voyait sur quelques points de la surface incisée apparaître quelques gouttes de sang. Ceux-là végétaient incontestablement beaucoup mieux que les premiers, et recevaient, sans aucun doute, une nutrition un peu plus active, et qui permettait à l'organe de répandre dans toute l'économie animale une plus grande dose de cette influence énergique et vivifiante que tous les physiologistes lui ont attribuée.

En accordant à ces diverses circonstances bien remarquables toute l'attention qu'elles nous paraissent mériter, nous croyons pouvoir avancer, — nous appuyant sur les nombreuses observations que nous avons recueillies, — que les glandes les plus atrophiées appartenaient, à n'en pas douter, à des chevaux sur lesquels le degré de la torsion ordinaire avait été dépassé, tandis que les testicules plus volumineux devaient avoir supporté un moins grand nombre de tours.

Partant de là, nous dirons qu'il devient possible à chacun de se rendre un compte facile des effets du bistournage, et d'apprécier les raisons pour lesquelles nous approuvons ce moyen de castration, chez le cheval, à l'exclusion de tous les autres procédés.

En effet, puisque l'on peut, en tordant plus ou moins le cordon spermatique, intercepter d'une manière plus ou moins complète l'abord du sang dans les glandes du même nom, n'avons-nous pas le droit de croire que, dans le dernier cas, c'est-à-dire alors que la torsion a été moins prononcée, le testicule recevant un peu plus de vie, grâce à la petite quantité de sang qui l'imprègne, exercera plus facilement sur l'organisme l'action qui lui a été départie, et donnera à l'animal ainsi opéré tous les avantages du cheval entier sans qu'il en ait les inconvéniens ?...

Nous sommes, pour notre propre compte, bien convaincu de la vérité de ce fait; aussi n'hésiterons-nous pas à dire, encore une fois, que nous préférons le mode par torsion sous-cutanée à la castration faite par tout autre moyen, et cela parce que cette belle méthode n'exigeant pas la suppression de la glande testiculaire, celle-ci agit toujours encore, après l'opération, sur toute la machine animale, et lance dans les diverses parties du corps une certaine somme de ce *stimulus interne*, sans lequel, quoi qu'on en dise, la force et l'énergie seraient, à n'en pas douter, beaucoup moins prononcées.

Enfin, et pour terminer ces diverses considérations, nous croyons devoir établir que, le bistournage n'anéantissant pas la source de toute vigueur, nous devons obtenir par lui des chevaux plus beaux, plus nobles, plus gracieux, plus élégants, plus robustes et plus aptes à toute espèce de travail.

Tels sont les arguments sur lesquels nous avons cru devoir faire reposer notre opinion, quand nous avons dit qu'il est possible de graduer cette opération sur le cheval entier de manière à ne pas enlever à celui-ci toute l'énergie et toute la fierté qui le caractérisent.

A l'exposé qui précède semblerait devoir se borner la tâche que nous nous étions imposée ; mais, comme on a pu le remarquer, nous avons été amené, par la nature des faits observés par nous durant le cours de notre exercice pratique, à soutenir aujourd'hui une opinion qui a été depuis longtemps combattue par un très-habile et très-savant confrère.

En consultant, en effet, l'article CASTRATION, déjà cité, du *Nouveau Dictionnaire de médecine, de chirurgie et d'hygiène vétérinaires*, pages 223 et 224, nous avons lu avec intérêt les réflexions qu'a cru devoir y consigner M. Henri Bouley, pour combattre les explications très-judicieusement hasardées par M. Festal dans le *Journal des vétérinaires du Midi*, année 1845, sur les avantages du bistournage. D'après ce vétérinaire distingué, « ce mode opératoire ne pri-« verait pas complétement le testicule d'une certaine ac-« tion vivifiante sur tout l'organisme, bien que la fonction « de sécréter le sperme soit, par le fait du bistournage, dé-« cidément anéantie en lui ; cependant l'influence de cet « organe serait telle encore, après l'opération, qu'il four-« nirait une certaine dose de stimulus sans lequel la force « et la vigueur sont impossibles. »

Or, la manière dont M. Festal avait cru d'abord devoir envisager l'action physiologique du bistournage sur les animaux qui le supportent étant à peu près conforme aux développements que nous avons accordés à cette intéressante question, nous ne saurions ne pas encourir les mêmes observations et les mêmes reproches. Néanmoins, nous avons une entière confiance dans la bonté de la cause que nous soutenons, et nous nous plaisons à espérer qu'avant de frapper encore une fois avec les seules armes de la théorie, une opinion qu'un grand nombre de faits pratiques nous ont inspirée, M. Bouley voudra bien attendre, sans doute, que l'expérience et la discussion aient jeté un nouveau jour sur un sujet aussi important.

Quoi qu'il en soit, nous croyons devoir exprimer ici nos regrets d'avoir vu l'honorable M. Festal formuler une rétractation sur un fait qu'il avait, selon nous, si bien compris, et que son excellent esprit d'observation était si capable d'élucider et de défendre.

En terminant, nous éprouvons le besoin de revenir encore sur quelques-uns des motifs qui nous ont engagé à nous occuper de la rédaction de ce mémoire. Pénétré depuis bien longtemps des avantages que procurerait à notre pays, et surtout au plus grand nombre des vétérinaires, l'adoption et la vulgarisation du bistournage chez le cheval, nous avons cru devoir appeler une sérieuse attention sur un praticien recommandable, dont la dextérité ne saurait être contestée par personne. A notre avis, l'habile opérateur dont il s'agit, M. Lamarche, possède toutes les conditions voulues pour répandre et enseigner, en peu de temps, sur tous les points de la France, le précieux moyen d'émasculation qu'il a si bien perfectionné. Mais, pour cela, il conviendrait que le gouvernement accueillît avec faveur les propositions généreuses de ce dernier, et, pour notre compte, nous aimerions à voir luire le jour où un pareil service serait rendu aux vétérinaires. Les honorables membres de la Société centrale apprécieront, d'ailleurs, comme il convient, nous n'en saurions douter, toute l'importance du service que cherche à rendre cet habile et estimable praticien, et nous croyons devoir confier à leur puissante intercession le soin de lui faire obtenir la récompense que nous avons demandée.

Pendant longtemps le bistournage étant demeuré le domaine exclusif de gens sans dignité, le plus souvent incapables et peu susceptibles, par conséquent, d'inspirer la moindre estime et la moindre considération, les vétérinaires ont cru devoir frapper d'une égale réprobation et l'opération et les opérateurs. Les circonstances nous paraissant aujourd'hui complétement changées, — du moins en ce qui concerne M. Lamarche, — et l'honorabilité de ce dernier étant bien reconnue dans les pays qu'il parcourt, nous avons pensé devoir accorder notre concours à ce bistourneur qui, bien que faible et infiniment petit, possède néanmoins un si beau talent, appelé, nous aimons à le croire, à provoquer avant longtemps, dans le manuel opératoire de la castration, une révolution générale et très-avantageuse pour notre profession.

Les difficultés du travail que nous avons entrepris sont certainement grandes et multipliées, nous l'avons bien compris tout d'abord. Mais, soutenu par le désir de faire connaître à tous l'excellence du procédé de castration que nous voudrions voir se généraliser, nous nous sommes résolûment mis à l'œuvre, et, s'il ne nous est pas permis d'arriver au but que nous voudrions atteindre, on demeurera convaincu, du moins, de la sincérité de nos efforts. Nous espérons cependant que, si notre travail n'a pas d'autre mérite aux yeux de nos collègues, il aura tout au moins celui de rendre la tâche plus simple et plus facile à ceux qui voudront aborder après nous ce même sujet.

Nous avons dit simplement et sans prétentions ce que nous croyons être la vérité, et, laissant à d'autres plus habiles que nous le soin d'élever à toute la hauteur qu'elle est susceptible d'acquérir, la belle et utile question que nous venons de développer, nous attendrons, avec la satisfaction du devoir accompli, l'intéressante discussion dont sera probablement suivie la publication du présent mémoire, nous estimant heureux de l'avoir provoquée (1).

(1) Ce mémoire étant prêt à être envoyé quand le numéro de septembre 1859 du *Recueil* nous est parvenu, nous n'avons pu y mentionner en temps utile les quelques notions que ce journal contient sur le manuel du bistournage. Ces notions, on le sait, ont été fournies par M. Pinaud, médecin vétérinaire à Carcassonne.

Que M. Pinaud, dans le mouvement qui commence à emporter les esprits vers tout ce qui a trait à l'étude de cette méthode de castration, ait voulu apporter sa pierre pour concourir à l'édification du monument, nous ne saurions le désapprouver; mais ce qui nous a vivement surpris, et ce que nous éprouvons le besoin de signaler à tout le monde, c'est que ce vétérinaire ait cru devoir publier comme venant de lui, sur le procédé de torsion sous-cutanée, certains développements théoriques qu'il doit à l'obligeance de M. Lamarche.

Nous n'avons tenu à établir ce fait que par pur et simple acquit de conscience, et nous nous empressons de déclarer que nous nous abstiendrons de porter un jugement quelconque sur une circonstance dont nos confrères apprécieront, à leur gré, toute la moralité.

2328 PARIS. — Typographie de RENOU et MAULDE, rue de Rivoli, 144.

www.ingramcontent.com/pod-product-compliance
Ingram Content Group UK Ltd.
Pitfield, Milton Keynes, MK11 3LW, UK
UKHW022000260726
13994UKWH00004B/1872

9 782329 374048